Alejandro Nesci
Ricardo Baldizon
Carlos Mendoza

Bases sólidas

Alejandro Nesci
Ricardo Baldizon
Carlos Mendoza

Bases sólidas

A intersecção entre a engenharia e a gestão das infra-estruturas.

ScienciaScripts

Cover image: www.ingimage.com

This book is a translation from the original published under ISBN 978-613-9-40487-2.

Publisher:
Sciencia Scripts
is a trademark of
Dodo Books Indian Ocean Ltd. and OmniScriptum S.R.L publishing group

120 High Road, East Finchley, London, N2 9ED, United Kingdom
Str. Armeneasca 28/1, office 1, Chisinau MD-2012, Republic of Moldova, Europe
Managing Directors: Ieva Konstantinova, Victoria Ursu
info@omniscriptum.com

Printed at: see last page
ISBN: 978-620-8-50909-5

FUNDAÇÕES SÓLIDAS: A INTERSECÇÃO DA ENGENHARIA E DA GESTÃO EM INFRA-ESTRUTURAS

AUTORES: ALEJANDRO ENRIQUE NESCI MONTALVAN RICARDO

JOSÉ BALDIZÓN LÓPEZ

CARLOS ALEXANDER MENDOZA JACOMINO

ÍNDICE DE CONTEÚDOS

CAPÍTULO 1
A INTERSECÇÃO ENTRE A ENGENHARIA E A GESTÃO DAS INFRA-ESTRUTURAS

1.1 Introdução

A construção de infra-estruturas é uma disciplina fundamental para o desenvolvimento de qualquer sociedade moderna, uma vez que estabelece as bases para a criação de sistemas essenciais que apoiam o funcionamento diário das cidades, comunidades e regiões.
cidades inteiras. Desde auto-estradas e pontes a sistemas de distribuição de água, eletricidade, redes de telecomunicações e hospitais, cada projeto de infra-estruturas representa um esforço multidimensional que não só responde a necessidades imediatas, como procura lançar as bases para o crescimento e a sustentabilidade a longo prazo (Project Management Institute, 2021).
O processo de desenvolvimento de infra-estruturas envolve várias fases: desde a identificação das necessidades e planeamento inicial, passando pela conceção técnica e implementação, até à operação e manutenção a longo prazo. Em cada uma destas fases, o rigor técnico é crucial, e é aqui que a engenharia desempenha um papel essencial. A engenharia fornece o conhecimento científico necessário para conceber e construir estruturas seguras e eficientes, garantindo que estas cumprem os padrões de segurança, funcionalidade e durabilidade que um projeto desta natureza exige (Bent, J. A., & Humphreys, K. K. (2009).
No entanto, a implementação de projectos de infra-estruturas vai muito além do âmbito puramente da engenharia (Chan, 2014). Enquanto a engenharia garante que os aspectos técnicos e estruturais dos projectos são exequíveis e cumprem os

requisitos de qualidade e segurança, a verdadeira consolidação destes projectos só é possível através de uma gestão administrativa eficiente. Esta gestão engloba o planeamento financeiro, o controlo de custos, a alocação estratégica de recursos, a gestão de recursos humanos, a mitigação de riscos, o cumprimento de prazos e o acompanhamento constante da evolução dos trabalhos. Sem uma base administrativa sólida, mesmo o projeto técnico mais inovador e eficaz pode enfrentar desafios significativos em termos operacionais, de sustentabilidade e até de conformidade legal.Neste contexto, a integração da gestão e da engenharia nas infra-estruturas torna-se particularmente relevante. Os projectos de infra-estruturas actuais são cada vez mais complexos, dispendiosos e ambiciosos, o que exige uma colaboração estreita e constante entre engenheiros e gestores, desde a fase de planeamento até à conclusão do projeto. Esta colaboração interdisciplinar permite que cada disciplina utilize os seus pontos fortes: a engenharia assegura o rigor técnico, a inovação e a conformidade com as especificações estruturais, enquanto a gestão garante que todos os aspectos do projeto se mantêm dentro dos limites orçamentais, temporais e regulamentares necessários. Num ambiente em que as exigências de sustentabilidade e responsabilidade social estão em constante crescimento, esta colaboração torna-se um imperativo, permitindo que os projectos sejam tanto tecnicamente sólidos como financeiramente viáveis e socialmente responsáveis (Rodriguez et al., 2019). A importância da intersecção entre a engenharia e a gestão é ainda mais evidente num contexto em que os recursos são limitados e as exigências de sustentabilidade ambiental e responsabilidade social são cada vez maiores. Hoje em dia, os projetos de infraestruturas devem ser concebidos e executados numa perspetiva de sustentabilidade a longo prazo, o que significa minimizar o impacto ambiental, otimizar a utilização dos recursos e garantir a durabilidade das construções ao longo do tempo. A gestão de projectos de infra-estruturas não se preocupa apenas com os custos, mas também com a incorporação de abordagens e práticas sustentáveis no planeamento e na execução, como a utilização de materiais recicláveis, a conceção de estruturas energeticamente eficientes e a redução dos resíduos de construção. (Este capítulo explora em profundidade a intersecção da engenharia e da gestão em infra-estruturas, salientando a importância da colaboração interdisciplinar para atingir os objectivos do projeto. Examina as diferentes fases de um projeto de infra-estruturas e a forma como os engenheiros e gestores devem trabalhar em conjunto para ultrapassar os desafios técnicos, económicos e ambientais. O planeamento estratégico, a gestão dos recursos humanos e materiais, o controlo da qualidade e o cumprimento da regulamentação local e internacional são apenas alguns dos aspectos que exigem uma integração eficaz de ambas as disciplinas. Através de uma análise detalhada de cada uma destas áreas, pretende-se demonstrar que a sinergia entre a engenharia e a gestão não só facilita a execução de projetos mais eficientes e rentáveis, como também ajuda a melhorar a qualidade e a eficiência da obra. maior qualidade, mas também promove infraestruturas que contribuem para o bem-estar social e o progresso económico (Ahmed, S., Farooqui, R., & Saqib, M. (2019).

Em última análise, a colaboração entre a engenharia e a gestão de infra-estruturas permite a realização de projectos mais fortes e mais resistentes, adaptados às necessidades de mudança das comunidades. Os projectos de infra-estruturas que integram eficazmente ambas as disciplinas são capazes de responder aos desafios actuais da rápida urbanização, das alterações climáticas e da procura de recursos, fornecendo soluções que são simultaneamente inovadoras e sustentáveis. As infra-estruturas modernas devem não só satisfazer as necessidades actuais, mas também antecipar as futuras, e é precisamente nesta visão a longo prazo que a colaboração entre a engenharia e a gestão se torna crucialmente relevante. (Smith, P. G., & Reinertsen, D. G. (2014).

1.2 Planeamento e conceção de projectos de infra-estruturas

Na fase de planeamento e conceção, os engenheiros e os gestores desempenham papéis complementares que são essenciais para o sucesso de qualquer projeto de infraestrutura. Esta fase inicial é fundamental, uma vez que estabelece as bases para o desenvolvimento do projeto, definindo os seus objectivos, âmbito e requisitos da forma mais clara possível. Durante esta fase, os engenheiros e gestores trabalham em conjunto para identificar as necessidades e expectativas das partes interessadas, como os patrocinadores do projeto, as comunidades afectadas e os reguladores. A colaboração interdisciplinar nesta fase ajuda a garantir que todos os aspectos do projeto são considerados antes de avançar para a implementação, minimizando o risco de problemas imprevistos e de custos excessivos (Kerzner, 2017). O envolvimento da gestão na fase de planeamento é fundamental para avaliar a viabilidade financeira e realizar uma análise custo-benefício. Esta análise permite determinar se o projeto pode ser implementado com os recursos disponíveis e, se não for viável, identificar alternativas ou ajustes que permitam a sua implementação. Os gestores são responsáveis por projetar os custos de cada uma das actividades que compõem o projeto, desde a conceção, passando pela manutenção, até à construção. Têm também em conta o orçamento disponível e estabelecem um plano financeiro que cubra todos os aspectos necessários. Isto pode incluir tudo, desde a procura de fontes adicionais de financiamento, como empréstimos ou subsídios, até ao planeamento de pagamentos e à estimativa do retorno do investimento para projectos que irão gerar receitas. Esta análise financeira inicial ajuda a garantir que o projeto é sustentável ao longo do seu ciclo de vida e que os recursos são geridos de forma eficiente (Bent, J. A., & Humphreys, K. K. (2009). Os engenheiros, por outro lado, concentram-se na viabilidade técnica, uma componente crucial que define a forma como o projeto será realizado estruturalmente, funcionalmente e em termos de conceção. Avaliam as condições do solo, os materiais disponíveis, as necessidades de infra-estruturas e as tecnologias a utilizar para garantir que o projeto é tecnicamente viável. Este trabalho inclui a seleção de tecnologias adequadas e o desenvolvimento de desenhos preliminares para se adequarem às condições específicas do local e aos requisitos técnicos e funcionais do projeto. Além disso, os engenheiros trabalham para identificar potenciais desafios técnicos, tais como o tipo de solo, as condições climáticas e outros factores que possam afetar o desenvolvimento do projeto. Graças aos seus conhecimentos especializados, podem propor soluções técnicas para atingir os objectivos do projeto de forma segura, eficiente e em conformidade com as normas de qualidade (Walker & Rowlinson, 2008). O planeamento detalhado nesta fase também ajuda a minimizar os riscos e os custos imprevistos, o que é fundamental para a viabilidade e o sucesso do projeto a longo prazo. Um plano abrangente inclui o desenvolvimento de calendários que detalham cada fase do projeto, desde a preparação do local até à entrega final, e inclui contingências que possam surgir. A administração é responsável por estabelecer estes calendários em colaboração com a equipa de engenharia, assegurando que são considerados calendários realistas e que os recursos são atribuídos de forma adequada. Para além disso, são implementadas estratégias de gestão do risco, como a identificação de potenciais problemas e a criação de planos de contingência. Estas estratégias permitem que os gestores e engenheiros estejam preparados para qualquer eventualidade que possa surgir durante a execução do projeto. Finalmente, a fase de planeamento e conceção também facilita a comunicação com outras partes interessadas importantes, como as autoridades reguladoras e a comunidade local. A transparência e a clareza nesta fase permitem antecipar e resolver conflitos de interesses, obter as autorizações e aprovações necessárias e estabelecer relações de confiança com as partes interessadas. A colaboração entre engenheiros e gestores durante esta fase não só garante que o projeto é técnica e financeiramente viável, como também ajuda a criar um projeto mais coeso e adaptado às expectativas de todas as partes interessadas. Este planeamento minucioso permite uma execução mais suave do projeto e reduz significativamente o risco de encontrar problemas que possam afetar a viabilidade, a qualidade e a sustentabilidade do projeto no futuro.

1.3 Gestão dos recursos e elaboração do orçamento

A gestão dos recursos financeiros e humanos é uma tarefa crítica na execução de projectos de infra-estruturas, uma vez que garante que cada recurso é utilizado de forma eficiente e sustentável ao longo das várias fases do projeto. A sustentabilidade financeira e operacional depende em grande medida do planeamento e da afetação precisos destes recursos, o que permite à equipa do projeto cumprir os seus objectivos dentro dos limites orçamentais e temporais estabelecidos, evitando desperdícios e derrapagens de custos que podem comprometer o projeto a longo prazo. (Meredith, J. R., & Mantel, S. J. (2017).

Do ponto de vista financeiro, a gestão é responsável por estabelecer um orçamento detalhado que abranja todas as actividades do projeto, desde o planeamento inicial até à implementação e manutenção (Cleland & Ireland, 2013). Este orçamento inclui rubricas para cada componente, tais como materiais, mão de obra, equipamento, licenças e outros custos indirectos. Além disso, os projectos de infra-estruturas envolvem frequentemente custos imprevistos, como flutuações no preço dos materiais ou custos adicionais resultantes de atrasos. Os gestores de projectos devem antecipar estes custos potenciais e incluir uma reserva financeira no orçamento para os cobrir sem afetar o progresso do projeto. Para o efeito, utilizam técnicas de estimativa de custos e de gestão de riscos para ajudar a calcular com maior exatidão o investimento necessário. Além disso, a gestão financeira é responsável pela programação dos pagamentos e pelo fluxo de caixa, assegurando que os recursos financeiros estão disponíveis no momento certo e na quantidade certa para cada fase do projeto. Isto é particularmente importante nos projectos de infra-estruturas, em que os calendários de pagamento a fornecedores, empreiteiros e outros serviços devem estar alinhados com os prazos de entrega de cada fase. Uma gestão adequada do fluxo de caixa evita interrupções e garante que não haja atrasos causados pela falta de fundos em pontos-chave do projeto (Bent & Humphreys, 2009).Por outro lado, a gestão dos recursos humanos é igualmente essencial para o desenvolvimento sustentável do projeto. Em projectos de infra-estruturas de grande escala, a equipa pode ir desde operários e técnicos a engenheiros, arquitectos, gestores de projeto, gestores de projeto e outros profissionais. projeto e especialistas em diferentes áreas. A gestão é responsável por coordenar e otimizar a utilização de todos estes recursos humanos, assegurando que cada pessoa é afetada às tarefas que melhor se adequam às suas competências e experiência. Este processo de atribuição de tarefas deve também ter em conta a eficiência operacional, para que não haja duplicação de esforços ou tempos de inatividade que possam reduzir a produtividade da equipa. (Chan, A. P. (2014). A engenharia, por seu lado, desempenha um papel fundamental na otimização da utilização de materiais e tecnologias dentro do quadro orçamental estabelecido. Uma das formas de os engenheiros o conseguirem é selecionando materiais altamente duráveis e tecnologias de construção avançadas que melhorem a eficiência sem aumentar significativamente os custos. Por exemplo, podem escolher técnicas de construção que reduzam a quantidade de resíduos ou acelerem os tempos de construção, poupando recursos financeiros e mão de obra. Além disso, os engenheiros podem utilizar ferramentas de modelação e simulação que lhes permitem prever o comportamento dos materiais e da estrutura final, minimizando a possibilidade de erros dispendiosos (Project Management Institute, 2021).

A sinergia entre a gestão e a engenharia na utilização dos recursos é essencial para adaptar os custos à realidade do projeto, o que se traduz numa maior sustentabilidade. Para maximizar os benefícios desta colaboração, ambas as áreas trabalham em constante comunicação e ajustam as estratégias de acordo com as necessidades específicas que surgem durante o projeto. Esta colaboração é fundamental para o desenvolvimento de uma infraestrutura que seja não só funcional, mas também económica e eficiente em termos de recursos (Chan, A. P. (2014).

1.4 Controlo de Qualidade e Conformidade Conformidade Regulamentar

O controlo da qualidade e a conformidade regulamentar são pilares fundamentais no desenvolvimento de projectos de infra-estruturas, uma vez que garantem que as obras são executadas de acordo com os mais elevados padrões técnicos e em conformidade com as leis e regulamentos em vigor. Estes aspectos são críticos não só para garantir a segurança e a durabilidade das estruturas, mas também para proteger os intervenientes no projeto contra riscos legais e possíveis sanções que possam resultar do incumprimento. Neste contexto, a colaboração entre engenheiros e gestores é fundamental para alcançar uma qualidade óptima, desde a fase de conceção até à conclusão e entrega.

Do ponto de vista técnico, os engenheiros são responsáveis por garantir que todos os aspectos do projeto cumprem os requisitos de qualidade estabelecidos, frequentemente definidos por regulamentos de segurança, eficiência e funcionalidade. Isto inclui o teste de materiais, a verificação da resistência estrutural e o cumprimento de especificações pormenorizadas em planos e projectos. Além disso, os engenheiros supervisionam a execução dos trabalhos para garantir que os procedimentos são efectuados de acordo com as práticas recomendadas e que são utilizadas as ferramentas e tecnologias adequadas. As auditorias periódicas e as revisões técnicas são essenciais para detetar potenciais erros numa fase inicial e corrigi-los antes que representem problemas significativos ou ponham em risco a integridade da construção. (Project Management Institute. (2021).

O controlo da qualidade também envolve a implementação de sistemas de gestão da qualidade, como as normas ISO 9001 em projectos de infra-estruturas. Estas normas fornecem um quadro estruturado para ajudar a gerir e otimizar os processos de construção, estabelecendo procedimentos de verificação e documentação de cada fase. A aplicação destes sistemas não só facilita o controlo da qualidade, como também permite a monitorização e a melhoria contínua, resultando num projeto final que cumpre os mais elevados padrões técnicos e de satisfação do cliente. (Project Management Institute. (2021).

De um ponto de vista administrativo, a responsabilidade de garantir que o projeto cumpre os regulamentos locais e internacionais cabe à equipa de gestão, que assegura que cada fase do projeto está em conformidade com os requisitos legais. No domínio das infra-estruturas, o quadro regulamentar abrange frequentemente uma vasta gama de questões, incluindo leis de ordenamento do território, normas ambientais, regulamentos de segurança no trabalho e normas de construção específicas da região. A gestão é responsável pela coordenação com as autoridades reguladoras, pela obtenção das autorizações necessárias e pela garantia de que todas as actividades cumprem as disposições legais. Este trabalho é crucial para evitar sanções, multas e paragens de trabalho que podem resultar em perdas financeiras e atrasos nos projectos (Kerzner, H. (2017).

A colaboração entre a engenharia e a gestão no controlo de qualidade e conformidade permite que os problemas sejam tratados de forma abrangente e eficaz. Os engenheiros fornecem as informações técnicas necessárias para cumprir as normas de qualidade, enquanto a equipa de gestão assegura que todos os regulamentos e normas são tidos em conta. Em conjunto, trabalham para estabelecer um plano de conformidade que abranja os requisitos técnicos e legais, criando um ambiente seguro e de trabalho. Esta colaboração reduz significativamente os riscos legais, garantindo que todos os aspectos do projeto foram considerados em pormenor e que a documentação e as aprovações necessárias estão em vigor para a implementação (Rodríguez, A., González, L., & Ramírez, M. (2019). Além disso, a conformidade e o controlo da qualidade não se limitam apenas à fase de construção, mas estendem-se também à manutenção e ao funcionamento das infraestruturas. A direção é responsável por garantir que as instalações continuam a cumprir a regulamentação em vigor e que são efectuadas revisões periódicas de acordo com as recomendações dos engenheiros. Esta continuidade é essencial para manter a infraestrutura em condições ideais, garantir a segurança dos utilizadores e prolongar a vida útil do projeto, o que, por sua vez, contribui para a sustentabilidade económica e social do projeto (Kerzner, H. (2018). Em última análise, o controlo da qualidade e a conformidade regulamentar são fundamentais para o sucesso e a sustentabilidade de qualquer projeto de infra-estruturas. A colaboração entre a engenharia e a gestão nestes aspectos não só garante infra-estruturas de alta qualidade, como também protege todos os envolvidos e beneficia a comunidade em geral, proporcionando um projeto seguro, funcional e conforme. (Schwaber, K., & Sutherland, J. (2017)

1.4.1Inovações tecnológicas nas infra-estruturas

Do ponto de vista da engenharia, a implementação de novas tecnologias conduziu a avanços significativos na eficiência, qualidade e segurança da construção. Uma das ferramentas mais transformadoras nesta área é a

Modelação da Informação da Construção (BIM), que permite aos engenheiros criar representações digitais precisas dos projectos antes do início da construção física. Esta tecnologia não só melhora o planeamento e a coordenação entre as diferentes equipas, como também facilita a identificação de potenciais problemas nas fases iniciais do projeto. Com o BIM, é possível simular o desempenho do edifício ao longo da sua vida útil, ajudando a otimizar a conceção e a selecionar materiais que minimizem o impacto ambiental. Isto é especialmente valioso em projectos grandes e complexos, onde os erros de coordenação podem levar a custos significativos (Eastman et al., 2011). Além disso, a incorporação de drones na monitorização e avaliação dos locais de construção alterou radicalmente a forma como os projectos de infra-estruturas são geridos. Os drones permitem inspecções aéreas rápidas e precisas, facilitando a monitorização de grandes áreas e a recolha de dados em tempo real. Isto não só melhora a segurança, reduzindo a necessidade de os trabalhadores acederem a áreas perigosas, como também permite que os engenheiros tomem decisões informadas com base em dados exactos e actualizados. Os drones são capazes de criar mapas topográficos detalhados e modelos 3D, que são cruciais para o planeamento e a conceção. Outra inovação significativa na construção é a impressão 3D, que provou ser uma ferramenta eficaz para criar componentes estruturais personalizados de forma rápida e eficiente. Esta tecnologia reduz o desperdício de material e os custos de produção, ao mesmo tempo que permite uma maior flexibilidade no design. A impressão 3D não só pode ser utilizada para criar elementos arquitectónicos complexos, como também está a ser explorada na construção de habitações, pontes e outras infra-estruturas. Através desta técnica, as casas podem ser impressas num curto espaço de tempo, o que poderá oferecer soluções rápidas para a crise da habitação em várias partes do mundo (Wu et al., 2016).

1.4.2 Práticas de infra-estruturas sustentáveis

Paralelamente a estes avanços tecnológicos, a gestão de projectos desempenha um papel crucial na integração de práticas sustentáveis nas infra-estruturas modernas. As decisões sobre a seleção de materiais, a gestão de resíduos e a eficiência energética são agora parte integrante do planeamento e da execução dos projectos. A administração está a trabalhar para estabelecer políticas que incentivem a utilização de materiais recicláveis e sustentáveis, bem como práticas de construção que reduzam o impacto ambiental. Isto inclui a implementação de sistemas de gestão ambiental que avaliam e minimizam a pegada ecológica de cada projeto, assegurando a conformidade com os regulamentos ambientais e obtendo as certificações necessárias, como o LEED (Leadership in Energy and Environmental Design) e o BREEAM (Building Research Establishment Environmental Assessment Method). A sustentabilidade não consiste apenas na utilização de materiais recicláveis ou de origem responsável, mas também na consideração do ciclo de vida completo dos produtos utilizados na construção. Trata-se de avaliar o impacto ambiental dos materiais desde a extração até à eliminação final. Os gestores de projectos estão agora cada vez mais concentrados na seleção de produtos que não sejam apenas funcionais, mas que também tenham uma pegada de carbono mais baixa. Por exemplo, tem sido promovida a utilização de betão reciclado e a incorporação de bio-componentes nos materiais de construção, que podem reduzir significativamente o impacto ambiental (Giesekam et al., 2016). A gestão deve também abordar o conceito de conceção passiva, que optimiza a eficiência energética dos edifícios através do planeamento cuidadoso da sua orientação, da utilização de materiais reguladores da temperatura e da maximização da luz natural. A aplicação de estratégias de conceção passiva pode reduzir a dependência de sistemas mecânicos de ar condicionado, reduzindo assim o consumo de energia e as emissões associadas. Esta abordagem, combinada com tecnologias activas, como painéis solares e sistemas de recuperação de água, pode transformar um edifício numa estrutura verdadeiramente sustentável (Smith et al., 2017).

1.4.3Sustentabilidade na reabilitação de infra-estruturas

É importante notar que a sustentabilidade nas infra-estruturas não se limita à construção de novos edifícios ou estruturas. Também se estende à manutenção e reabilitação das infra-estruturas existentes. A gestão deve considerar uma renovação sustentável que prolongue a vida útil das instalações sem a necessidade de demolir e reconstruir, o que é muitas vezes intensivo em termos de recursos. As técnicas de reabilitação incluem o restauro de materiais originais e a adaptação de sistemas antigos, assegurando que as infra-estruturas podem satisfazer as necessidades actuais sem comprometer a sua integridade ou gerar resíduos excessivos (Becerik-Gerber, B., Jazizadeh, F., Li, N., & Calis, G. (2012). Por exemplo, no caso da reabilitação de pontes, os engenheiros podem utilizar tecnologias avançadas para avaliar a estrutura existente, identificando as áreas que necessitam de ser reforçadas sem necessidade de uma reconstrução completa. Isto não só poupa recursos, como também preserva a história e o carácter da infraestrutura existente. As práticas de reutilização e reciclagem de materiais em trabalhos de reabilitação são igualmente cruciais para minimizar o impacto ambiental e reduzir os custos (Cleland, D. I., & Ireland, L. R. (2013).

1.4.4Colaboração interdisciplinar

A colaboração entre engenheiros e gestores é essencial para garantir que as inovações tecnológicas e as práticas sustentáveis sejam efetivamente integradas nos projectos. Este processo envolve uma abordagem de trabalho conjunto para a investigação e desenvolvimento de novas soluções que respondam aos desafios contemporâneos das infra-estruturas. Por exemplo, os engenheiros podem desenvolver novas técnicas de construção que incorporem critérios de sustentabilidade, enquanto a gestão assegura que essas técnicas sejam implementadas dentro do quadro orçamental e regulamentar estabelecido. Por exemplo, os engenheiros precisam de estar conscientes das implicações financeiras das tecnologias que propõem, e os gestores precisam de estar conscientes das implicações financeiras das tecnologias que propõem. informados sobre as últimas inovações disponíveis no domínio da engenharia. Juntos, podem criar um ambiente em que a sustentabilidade é considerada prioritária, não apenas como um requisito regulamentar, mas como uma prática essencial que promove a inovação e a eficiência em todos os aspectos do projeto.

1.4.5A sustentabilidade como uma necessidade que se sobrepõe à necessidade

No contexto das infra-estruturas modernas, a sustentabilidade já não é opcional, mas sim um imperativo. medida que as cidades crescem e a procura de infra-estruturas aumenta, é essencial adotar abordagens que minimizem o impacto ambiental e maximizem a eficiência dos recursos. A integração de novas tecnologias e práticas sustentáveis no planeamento, conceção e construção de infra-estruturas não só contribui para a criação de ambientes mais resilientes e preparados para o futuro, como também promove o desenvolvimento económico sustentável que beneficia as comunidades e o planeta como um todo. Neste contexto, os projectos de infra-estruturas devem estar alinhados com estes objectivos, promovendo a construção de edifícios, sistemas de transporte sustentáveis e redes de serviços públicos que minimizem os resíduos e maximizem a utilização de recursos renováveis.

1.4.6Implicações a longo prazo

Por último, é fundamental considerar as implicações a longo prazo da implementação de tecnologias sustentáveis e de práticas de construção responsáveis. À medida que a população mundial continua a crescer, prevê-se que a procura de infra-estruturas aumente. Por conseguinte, o planeamento e a construção destas infra-estruturas devem ser feitos de uma forma que tenha em conta não só o contexto atual, mas também o impacto que terão nas gerações futuras. Isto implica uma abordagem de precaução que considere a adaptabilidade das infra-estruturas face às alterações climáticas e aos desafios sociais e económicos que possam surgir.

1.5 Conclusão

Em conclusão, a engenharia e a gestão são duas disciplinas interdependentes da construção de infra-estruturas. A sua colaboração efectiva é fundamental para o sucesso de qualquer projeto, uma vez que garante não só o cumprimento dos requisitos técnicos e de qualidade, mas também a viabilidade financeira e a sustentabilidade a longo prazo. A sinergia entre engenheiros e gestores permite um planeamento mais abrangente e adaptável, capaz de antecipar e atenuar os riscos. Esta abordagem colaborativa é especialmente importante num contexto global em constante mudança , em que os desafios ambientais e sociais exigem soluções inovadoras e responsáveis. Além disso, a integração da sustentabilidade no processo de conceção e execução não só optimiza os recursos e minimiza o impacto ambiental, como também garante que a infraestrutura é resiliente e se adapta às necessidades futuras das comunidades (Project Management Institute [PMI]. (2017). A intersecção da engenharia e da gestão torna-se, assim, um pilar essencial para o desenvolvimento de infra-estruturas que não só respondam às exigências actuais, como também sejam capazes de perdurar no tempo, oferecendo benefícios tangíveis para as gerações vindouras. Esta abordagem não só promove um desenvolvimento equitativo e sustentável, como também fomenta uma cultura de inovação e de responsabilidade partilhada, fundamental para a construção de um futuro mais próspero e sustentável para todos.

CAPÍTULO 2
GESTÃO DOS RECURSOS E SUSTENTABILIDADE NAS INFRA-ESTRUTURAS

A gestão de recursos e a sustentabilidade são elementos-chave no desenvolvimento de projectos de infra-estruturas. Num mundo em que o crescimento urbano e as alterações climáticas apresentam desafios crescentes, a forma como os recursos são geridos e a sustentabilidade é aplicada tornou-se um fator determinante para o sucesso de qualquer projeto de infraestrutura. A gestão adequada dos recursos materiais, financeiros e humanos é essencial para garantir não só a viabilidade económica do projeto, mas também o seu impacto positivo no ambiente e a sua capacidade de satisfazer as necessidades das gerações actuais e futuras. Uma gestão adequada permite uma utilização eficiente dos recursos, evitando desperdícios, reduzindo os custos e minimizando os impactos negativos no ambiente. A gestão dos recursos materiais implica um planeamento minucioso para determinar a quantidade, o tipo e a qualidade dos materiais necessários, bem como a logística necessária para garantir a sua disponibilidade no momento certo. A seleção de materiais sustentáveis e de baixo impacto ambiental, como os reciclados ou produzidos de forma responsável, contribui significativamente para a sustentabilidade global do projeto. Além disso, devem ser tidos em conta fatores como a durabilidade e o ciclo de vida dos materiais para garantir que as infraestruturas construídas são resilientes e podem resistir a condições adversas com um mínimo de manutenção ao longo do tempo (Vanegas, 2019). A gestão financeira também desempenha um papel crucial na sustentabilidade do projeto. O planeamento financeiro deve incluir não só os custos diretos da construção, mas também os custos a longo prazo associados à manutenção e ao funcionamento da infraestrutura. Uma abordagem financeira sustentável implica a identificação de fontes de financiamento que apoiem práticas responsáveis, tais como fundos destinados a projectos ecológicos ou parcerias público-privadas que promovam o desenvolvimento sustentável. Além disso, uma gestão financeira eficiente ajuda a otimizar a relação custo-benefício, garantindo que cada investimento efectuado se traduza em melhorias reais das infra-estruturas e em benefícios tangíveis para a comunidade. Em termos de gestão de recursos humanos, é essencial ter uma equipa qualificada e empenhada nos objectivos de sustentabilidade do projeto. A formação contínua em técnicas de construção sustentável, a utilização de novas tecnologias e o cumprimento da regulamentação ambiental permitem que os trabalhadores desempenhem as suas tarefas de forma mais eficiente e conscientes do impacto que podem ter no ambiente. Para além disso, um bom ambiente de trabalho e a atribuição adequada de responsabilidades contribuem para uma maior produtividade e, consequentemente, para uma melhor utilização dos recursos disponíveis (Rodríguez, A., González, L., & Ramírez, M. (2019). O foco na sustentabilidade não se limita à fase de construção; deve também estar presente na operação e manutenção das infra-estruturas. Isto significa conceber projectos que sejam eficientes do ponto de vista energético, utilizem fontes de energia renováveis e estejam preparados para se adaptarem a condições em mudança, como o aumento das temperaturas ou a maior frequência de fenómenos meteorológicos extremos. A colaboração entre engenheiros e gestores é essencial para garantir que estes aspectos são integrados desde a fase de conceção e planeamento, permitindo que a infraestrutura seja funcional e sustentável ao longo do seu ciclo de vida (Cortés, 2018). Este capítulo analisa a forma como a gestão e a engenharia trabalham em conjunto para otimizar os recursos e promover práticas sustentáveis. A integração de práticas sustentáveis em todas as fases de um projeto, desde o planeamento até à operação, não só contribui para a preservação do ambiente, como também garante que a infraestrutura cumpre os padrões actuais de qualidade e resiliência. Através de uma gestão eficaz e de uma colaboração interdisciplinar, é possível criar infra-estruturas que não só satisfaçam as necessidades da sociedade atual, como também protejam os recursos e o bem-estar das gerações futuras. (Administração da Segurança e Saúde no Trabalho [OSHA]. (2020).

2.1 Gestão dos recursos financeiros

A gestão financeira das infra-estruturas envolve o planeamento, a atribuição e o acompanhamento dos recursos financeiros necessários para cada fase do projeto, desde a conceção e o desenho até à execução, operação e manutenção. É uma das funções mais críticas na gestão de projetos de infraestruturas, pois assegura a disponibilidade de fundos da forma mais eficiente e no momento certo, garantindo assim que o projeto avança sem interrupções e com uma alocação eficiente dos recursos financeiros (Arce-Ruiz, 2017). O planeamento financeiro é o primeiro e mais importante passo, pois permite antecipar todos os custos envolvidos e estabelecer um orçamento detalhado que abrange todas as actividades do projeto. Este planeamento inclui não só os custos de construção, mas também os associados aos estudos preliminares, como a avaliação ambiental, os estudos de viabilidade e a conceção. Além disso, devem ser considerados custos como a manutenção preventiva e corretiva, o funcionamento da infraestrutura após a conclusão e a eventual renovação. Um orçamento detalhado e bem planeado pode evitar a maioria dos problemas financeiros que frequentemente afectam os projectos de infra-estruturas, tais como derrapagens de custos e atrasos (Cortés, 2018). A afetação de recursos financeiros, por outro lado, é a atividade que assegura que cada área do projeto dispõe dos fundos necessários no momento certo. Isto implica dar prioridade às despesas, assegurar que o fluxo de caixa é suficiente e gerir eficazmente as receitas e as despesas. No caso de infra-estruturas complexas, isto significa prever os pagamentos a fornecedores de materiais, empreiteiros, subempreiteiros e prestadores de serviços, e fazer o acompanhamento para garantir que todas as obrigações financeiras são cumpridas atempadamente. A gestão deve ser capaz de antecipar eventuais desvios no fluxo de caixa e adotar estratégias para atenuar esses desvios, como a procura de financiamento adicional ou a reprogramação de pagamentos. (Lock, D. (2020). O acompanhamento constante do fluxo financeiro é igualmente essencial para garantir que o projeto se mantém dentro do orçamento. Os projectos de infra-estruturas são frequentemente de grande dimensão e estendem-se por meses ou mesmo anos, pelo que é comum que alterações ou acontecimentos imprevistos afectem a estimativa inicial dos custos. É aqui que a colaboração entre gestores e engenheiros é crucial. Os engenheiros têm um conhecimento profundo das necessidades técnicas do projeto e podem identificar se são necessárias alterações ao design ou aos materiais. No entanto, quaisquer modificações devem ser avaliadas do ponto de vista financeiro pelos gestores, que determinarão se a mudança é viável dentro do orçamento ou se é necessário fazer uma alteração no projeto. ajustes adicionais. Este processo de avaliação conjunta permite minimizar os riscos financeiros e tomar decisões informadas que beneficiam tanto a qualidade técnica do projeto como a sua viabilidade económica.

Outro aspeto importante da gestão financeira das infra-estruturas é a identificação das fontes de financiamento. Os projectos de infra-estruturas exigem frequentemente grandes somas de dinheiro, pelo que são geralmente financiados através de uma variedade de fontes, incluindo finanças públicas, finanças privadas, empréstimos bancários, subvenções, parcerias público-privadas (PPP) e, em alguns casos, através de agências de financiamento multilaterais. A gestão financeira deve ser capaz de identificar a melhor combinação de fontes de financiamento com base nas caraterísticas do projeto, no custo do dinheiro, nas condições de reembolso e no calendário. A abordagem correta para obter financiamento pode reduzir significativamente os encargos financeiros do projeto e melhorar a sua rentabilidade (International Organization for Standardization [ISO] (2015b)).

A gestão dos riscos financeiros é também uma componente integrante da gestão financeira das infra-estruturas. Os projectos desta natureza estão expostos a múltiplos riscos, tais como flutuações no custo dos materiais, alterações nas taxas de juro, atrasos que implicam custos adicionais e riscos económicos ou políticos que podem afetar o financiamento. Os gestores devem efetuar uma avaliação de risco detalhada e desenvolver estratégias para mitigar estes riscos. Isto pode incluir a utilização de contratos de preço fixo para evitar flutuações de custos, a subscrição de seguros para cobrir eventos inesperados e a criação de fundos de contingência no orçamento para cobrir despesas imprevistas (Walker, A., & Rowlinson, S. (2008). A colaboração entre a gestão e a engenharia na gestão financeira também inclui a otimização da utilização de recursos económicos, o que pode envolver a implementação de tecnologias e técnicas de construção mais eficientes que, embora possam parecer inicialmente mais dispendiosas, conduzem a poupanças significativas a longo prazo. Por exemplo, a adoção de metodologias como a Lean Construction pode reduzir o desperdício e melhorar a eficiência na utilização de materiais e de recursos, o que contribui diretamente para a otimização dos custos do projeto. Os engenheiros podem propor inovações tecnológicas que optimizem o desempenho do projeto, enquanto os gestores avaliam a viabilidade económica dessas propostas e asseguram que são implementadas de forma eficaz e dentro do orçamento (Lingard, H., & Rowlinson, S. (2005).

Por último, a transparência e a responsabilidade na gestão financeira são essenciais para o êxito do projeto. As infra-estruturas são frequentemente financiadas com recursos públicos ou com fundos que implicam um elevado grau de responsabilização perante várias partes interessadas, incluindo governos, instituições financeiras e a comunidade. A manutenção de registos financeiros precisos, a realização de auditorias regulares e a apresentação de relatórios claros sobre a situação financeira do projeto são fundamentais para criar confiança e garantir que o projeto é concluído com êxito e sem contratempos financeiros (Chan, A. P. (2014).

2.2 Gestão de Recursos Humanos

Os recursos humanos são fundamentais para o sucesso de qualquer projeto, uma vez que as pessoas são responsáveis pela execução de tarefas, pela tomada de decisões e por garantir que todos os aspectos do projeto são realizados de forma eficaz e eficiente. No contexto dos projectos de infra-estruturas, a gestão dos recursos humanos é especialmente crítica devido à complexidade e à magnitude destes projectos, que envolvem múltiplas fases, tecnologias e uma atenção rigorosa à segurança e à qualidade do trabalho (Environmental Protection Agency [EPA]. (2016). A gestão de recursos humanos em projectos de infra-estruturas engloba várias actividades essenciais, como o recrutamento, a formação, a motivação e a atribuição de tarefas aos trabalhadores certos para cada atividade. O recrutamento é a primeira fase e centra-se na seleção de indivíduos que possuam as competências técnicas e a experiência necessárias para contribuir para o êxito do projeto. Para tal, é necessário um processo de seleção exaustivo que avalie os candidatos não só em termos de competências técnicas, mas também em termos da sua capacidade de trabalhar em equipa, de se adaptar à mudança e de lidar com situações de stress, caraterísticas fundamentais nos projectos de infra-estruturas (Franco Reina, 2022). Uma vez constituída a equipa, a formação torna-se uma componente fundamental para garantir a eficiência e a segurança na execução das tarefas. As infra-estruturas modernas implicam frequentemente a utilização de tecnologias avançadas, maquinaria pesada e metodologias inovadoras que exigem competências específicas. A gestão deve garantir que todos os trabalhadores recebem a formação necessária para utilizar corretamente as ferramentas e o equipamento exigidos, bem como para cumprir os padrões de qualidade do projeto. Além disso, a formação em práticas de segurança é essencial para minimizar os riscos e garantir que todos os trabalhadores compreendem as medidas necessárias para proteger a sua integridade e a dos seus colegas (Vanegas, 2019).

A motivação e a retenção de talentos são também aspectos cruciais da gestão de recursos humanos. Manter uma equipa motivada e empenhada pode fazer a diferença entre o sucesso e o fracasso de um projeto. A gestão deve implementar políticas que promovam o bem-estar dos trabalhadores, tais como a criação de um ambiente de trabalho seguro e positivo, a oferta de incentivos para o cumprimento de objectivos e o reconhecimento de esforços e desempenhos extraordinários. Motivar os trabalhadores não só melhora a produtividade, como também reduz a rotação do pessoal, o que é especialmente benéfico em projectos de longo prazo, em que a continuidade e a experiência acumulada são de grande valor (Ballard, G., & Howell, G. (2003). A afetação de tarefas é outra responsabilidade fundamental da gestão dos recursos humanos. Cada trabalhador deve ser afetado às actividades que melhor correspondem às suas competências e experiência, o que maximiza a produtividade e minimiza os erros. Isto implica uma coordenação contínua entre os gestores de projeto e os engenheiros para definir claramente os perfis técnicos necessários para cada fase do processo e para garantir que o pessoal designado possui as competências adequadas. Nos projectos de infra-estruturas, a afetação correta dos recursos humanos é crucial, uma vez que o trabalho realizado por cada indivíduo influencia diretamente a qualidade e a segurança da infraestrutura a construir. A gestão dos regulamentos laborais e de segurança é também uma parte fundamental da gestão de recursos humanos. Os projectos de infra-estruturas estão muitas vezes sujeitos a regulamentações rigorosas em termos de segurança no trabalho, tanto devido à natureza do trabalho, que é frequentemente realizado em condições perigosas, como devido às máquinas e materiais utilizados. A direção deve garantir que todos os regulamentos legais são cumpridos e que as políticas de segurança são implementadas para proteger os trabalhadores. Isto inclui o fornecimento de equipamento de proteção individual (EPI), a realização de inspecções de segurança regulares, a implementação de programas de formação em segurança e o desenvolvimento de protocolos de resposta a emergências. O cumprimento destes regulamentos não só evita sanções e paragens de trabalho, como também contribui para a criação de um ambiente de trabalho seguro e para a redução de acidentes de trabalho. Por seu lado, os engenheiros trabalham em conjunto com os gestores para definir os perfis técnicos necessários para cada fase do projeto. Isto inclui a determinação das competências específicas necessárias para a instalação de sistemas complexos, a utilização de maquinaria especializada ou a implementação de novas tecnologias de construção. Os engenheiros fornecem os conhecimentos técnicos e podem dar orientações sobre as aptidões e competências necessárias, enquanto os gestores identificam e recrutam o pessoal mais adequado. Esta colaboração garante que cada tarefa é executada por um trabalhador qualificado, reduzindo o risco de erros e melhorando a eficiência do projeto.

Além disso, a comunicação e o trabalho em equipa são aspectos fundamentais da gestão dos recursos humanos nos projectos de infra-estruturas. A coordenação entre as diferentes equipas - engenheiros, trabalhadores, gestores, fornecedores e empreiteiros - exige uma gestão eficaz que facilite a comunicação entre todos os intervenientes. Esta comunicação deve ser fluida para que todos conheçam a evolução do projeto, as alterações que possam surgir e as responsabilidades de cada um. Os gestores devem promover um ambiente de trabalho colaborativo, onde cada membro da equipa se sinta valorizado e capaz de contribuir para o sucesso do projeto. Um aspeto cada vez mais relevante da gestão dos recursos humanos é a diversidade e a inclusão nos projectos de infra-estruturas. As organizações que promovem a diversidade nas suas equipas encontram múltiplos benefícios, como o surgimento de novas ideias, uma maior capacidade de resolução de problemas e um ambiente de trabalho enriquecido. A gestão dos recursos humanos deve esforçar-se por criar equipas diversificadas que incluam pessoas de diferentes origens, géneros e experiências, e garantir que todos tenham oportunidades iguais de desenvolvimento e crescimento profissional. Por último, uma gestão de recursos humanos bem sucedida no domínio das infra-estruturas implica também um planeamento a longo prazo que inclua o desenvolvimento das competências do pessoal. Em projectos que se estendem por vários anos, é importante investir no desenvolvimento de competências e na evolução da carreira dos trabalhadores. Programas de formação contínua, oportunidades de promoção e uma cultura de aprendizagem constante são elementos que ajudam a manter uma equipa altamente qualificada e motivada, pronta para enfrentar os desafios do projeto em cada fase.

2.3 Gestão de materiais e tecnologias

A gestão de materiais e tecnologias desempenha um papel crucial na construção de infra-estruturas sustentáveis, uma vez que estas decisões afectam diretamente tanto o impacto ambiental do projeto como a sua eficiência e viabilidade. A seleção adequada dos materiais e a utilização de tecnologias inovadoras reduzem os resíduos, melhoram a qualidade da construção e contribuem para a sustentabilidade do projeto. A colaboração eficaz entre os engenheiros, que especificam os materiais e as tecnologias mais adequados, e os gestores, que gerem a logística e os custos, é essencial para garantir que os objectivos de qualidade, sustentabilidade e eficiência do projeto são cumpridos. Em termos de materiais de construção, a seleção deve basear-se em critérios de qualidade, durabilidade e sustentabilidade. Materiais de alta qualidade e duráveis são essenciais para garantir a longevidade das infra-estruturas, que é uma componente essencial da sustentabilidade. A escolha de materiais que resistam às intempéries e ao desgaste ao longo do tempo reduz a necessidade de reparações e renovações frequentes, ajudando a minimizar a utilização de recursos e a produção de resíduos durante o ciclo de vida do projeto. Por exemplo, materiais como o aço de alta resistência e o betão com aditivos especiais podem aumentar significativamente a durabilidade das estruturas. Para além da durabilidade, a sustentabilidade significa selecionar materiais com um baixo impacto ambiental. Isto significa optar por aqueles que têm uma pegada de carbono mais baixa durante a produção, o transporte e a eliminação. A utilização de materiais reciclados e recicláveis tornou-se uma prática cada vez mais comum e aceite na construção moderna. Por exemplo, o betão reciclado, o aço reciclado e a madeira certificada proveniente de florestas geridas de forma responsável são materiais que reduzem a exploração dos recursos naturais e o impacto ambiental do projeto. Os engenheiros desempenham um papel importante na avaliação das propriedades destes materiais para garantir que cumprem as normas de qualidade e segurança exigidas. O ciclo de vida dos materiais é outro fator crítico a considerar pelos engenheiros. Isto envolve a avaliação dos impactos ambientais dos materiais durante todas as fases do seu ciclo de vida, desde a extração das matérias-primas até à sua eventual eliminação ou reciclagem. Esta abordagem permite a identificação de materiais que não só são mais sustentáveis durante a fase de construção, como também contribuem para a redução dos impactes. Os engenheiros devem manter-se a par das novas investigações e desenvolvimentos em materiais sustentáveis para propor as melhores opções disponíveis, enquanto os gestores devem avaliar a viabilidade económica destas propostas e procurar um equilíbrio entre custo, qualidade e sustentabilidade (Cleland, D. I., & Ireland, L. R. (2013). A gestão da logística e da disponibilidade de materiais é da responsabilidade da administração e é uma componente crucial para garantir a execução eficiente do projeto. A logística envolve a coordenação do fornecimento de materiais para que estes estejam disponíveis no momento certo e na quantidade certa, evitando atrasos na construção. Isto requer um planeamento detalhado para sincronizar a entrega de materiais com o calendário de construção, garantindo que cada fase do projeto tem os recursos necessários sem criar armazenamento desnecessário, o que poderia levar a perdas ou deterioração. A gestão deve também gerir a relação com os fornecedores, selecionando aqueles que podem garantir a qualidade dos materiais e a sua entrega atempada. O controlo dos custos dos materiais é outro aspeto fundamental que é da responsabilidade da gestão. Os materiais representam uma grande parte do custo total de qualquer projeto. custos de infra-estruturas, pelo que uma gestão adequada dos custos é crucial para manter o projeto dentro do orçamento. Os gestores devem acompanhar continuamente os custos, considerando não só o preço de compra, mas também os custos associados ao transporte, armazenamento e manuseamento dos materiais. Além disso, devem estar preparados para flutuações no preço dos materiais, que podem ser afectadas por factores como a disponibilidade no mercado, as condições económicas e os custos de combustível. Nestes casos, a gestão deve ser capaz de procurar alternativas viáveis ou renegociar contratos para mitigar o impacto financeiro no projeto.

Em termos de tecnologias de construção, a inovação tecnológica desempenha um papel crucial na melhoria da eficiência e da sustentabilidade dos projectos de infra-estruturas. As tecnologias modernas permitem não só otimizar os processos de construção, mas também reduzir o impacto ambiental. Por exemplo, a utilização da Modelação da Informação da Construção (BIM) permite aos engenheiros e gestores trabalharem com modelos digitais tridimensionais do projeto, o que facilita o planeamento e a tomada de decisões informadas. Com o BIM, os engenheiros podem avaliar diferentes opções de design e materiais, simulando o seu comportamento e impacto antes do início da construção, o que ajuda a minimizar os resíduos e a otimizar a utilização dos recursos.

Outra tecnologia que está a revolucionar a construção é a impressão 3D, que permite fabricar componentes estruturais de forma precisa e eficiente. Esta tecnologia não só reduz o desperdício de material, como também encurta os tempos de construção e permite a criação de designs complexos que seriam difíceis de alcançar com os métodos tradicionais. A impressão 3D pode ser utilizada tanto para o fabrico de elementos estruturais como para a produção de peças decorativas ou funcionais, e a sua adoção está a começar a ganhar força na indústria da construção.

Além disso, a adoção de tecnologias como a pré-fabricação e os módulos pré-fabricados também provou ser eficaz para melhorar a eficiência e a sustentabilidade dos projectos de infra-estruturas. A pré-fabricação envolve a construção de elementos de infra-estruturas num ambiente controlado, fora do local, sendo depois transportados e montados na sua localização final. Esta técnica reduz significativamente o tempo necessário para a construção e melhora a qualidade do trabalho, uma vez que os elementos são fabricados em condições óptimas e são menos propensos a erros. A pré-fabricação também minimiza o impacto no estaleiro de construção, reduzindo a produção de resíduos e as emissões associadas ao transporte e à utilização de maquinaria pesada no local.

A colaboração entre engenheiros e gestores é essencial para maximizar os benefícios da gestão de materiais e tecnologias. Os engenheiros devem identificar os materiais e tecnologias mais adequados com base nos objectivos do projeto, assegurando que cumprem as normas técnicas e de sustentabilidade. Ao mesmo tempo, os gestores devem garantir que a seleção de materiais e tecnologias é economicamente viável e que a sua implementação é eficiente em termos logísticos e de custos. Esta colaboração ajuda a otimizar a utilização dos recursos, a reduzir os resíduos, a garantir a qualidade do projeto e a cumprir os objectivos de sustentabilidade.

2.4 Abordagens sustentáveis

A sustentabilidade é um aspeto crítico da construção de infra-estruturas modernas, e a sua relevância tem aumentado exponencialmente nos últimos anos devido aos desafios das alterações climáticas, ao esgotamento dos recursos naturais e à necessidade de construir ambientes urbanos resilientes. As infra-estruturas sustentáveis não só procuram minimizar o impacto ambiental durante a construção, como também são concebidas para funcionar de forma eficiente ao longo do seu ciclo de vida, optimizando a utilização de energia, água e outros recursos e contribuindo para a qualidade de vida das comunidades.

Um dos principais componentes da sustentabilidade é a utilização de materiais reciclados e sustentáveis. A escolha de materiais que tenham sido reciclados ou que possam ser reciclados no final da sua vida útil ajuda a reduzir o consumo de matérias-primas e a produção de resíduos. Materiais como o betão reciclado, o aço reutilizado e a madeira proveniente de fontes certificadas são exemplos de alternativas que podem contribuir significativamente para a redução do impacto ambiental. Para além da utilização de materiais reciclados, os engenheiros devem também considerar a pegada de carbono dos materiais que selecionam, optando por aqueles que emitem menos gases com efeito de estufa durante a produção e o transporte. A redução do impacto ambiental decorrente da seleção de materiais é uma estratégia essencial para a construção de infra-estruturas mais sustentáveis.

A eficiência energética é outro pilar fundamental da sustentabilidade nas infra-estruturas modernas. Na conceção de estruturas eficientes, os engenheiros são responsáveis pela incorporação de medidas que reduzam o consumo de energia, tanto durante a construção como durante o funcionamento da infraestrutura. Isto inclui a conceção de sistemas de iluminação natural, a integração de sistemas de ventilação eficientes, a utilização de isolamento térmico adequado e a instalação de tecnologias de energias renováveis, como painéis solares ou turbinas eólicas. A eficiência energética não só contribui para reduzir o impacto ambiental, como também se traduz em poupanças económicas a longo prazo, o que é benéfico tanto para os proprietários das infra-estruturas como para os utilizadores finais.

A conceção de infra-estruturas eficientes também requer um planeamento cuidadoso para reduzir as emissões de carbono. Isto inclui a seleção de métodos de construção que minimizem a produção de emissões, como a utilização de maquinaria eficiente e o planeamento de processos para reduzir a quantidade de tempo e energia necessários. Por exemplo, a adoção de tecnologias de construção modular pode reduzir significativamente o consumo de energia durante a construção, permitindo que os componentes sejam fabricados num ambiente controlado e depois montados no local, minimizando a utilização de maquinaria pesada e a emissão de poluentes.

A gestão adequada dos resíduos gerados durante a construção é outra prática sustentável fundamental. Nos projectos de infra-estruturas, a quantidade de resíduos gerados pode ser considerável e a forma como esses resíduos são geridos tem um impacto direto no ambiente. A implementação de estratégias para reduzir, reutilizar e reciclar os materiais excedentes é fundamental para minimizar o impacto. Isto implica o desenvolvimento de um plano de gestão de resíduos que inclua a reciclagem de detritos, a reutilização de materiais e a eliminação adequada dos resíduos que não podem ser recuperados. Além disso, um planeamento adequado e a adoção de técnicas de construção mais precisas podem ajudar a reduzir significativamente a quantidade de resíduos gerados. Neste contexto, os engenheiros desempenham um papel fundamental na conceção de estruturas sustentáveis e na aplicação de tecnologias ecológicas. Durante a fase de conceção, os engenheiros devem considerar factores como a eficiência dos recursos, a integração de sistemas de energias renováveis e a minimização do impacto ambiental ao longo do ciclo de vida do projeto. A conceção deve ser adaptável, antecipando a capacidade da infraestrutura para evoluir com as necessidades futuras, o que é particularmente relevante num contexto de urbanização crescente e de alterações climáticas. Os engenheiros têm também a responsabilidade de inovar e explorar novas tecnologias que possam contribuir para a sustentabilidade dos projectos, desde materiais mais ecológicos a processos de construção que minimizem o impacto no ambiente. Por outro lado, os gestores de projectos são fundamentais para as políticas e estratégias sustentáveis ao longo do ciclo de vida das infra-estruturas. Os gestores devem garantir que as decisões tomadas durante o planeamento, a construção e o funcionamento da infraestrutura estão alinhadas com os objectivos de sustentabilidade do projeto. Isto inclui garantir a conformidade com os regulamentos ambientais locais e internacionais, procurar obter certificações ambientais, como LEED ou BREEAM, e gerir os recursos de forma eficiente para minimizar o impacto económico e ambiental. Além disso, a gestão deve avaliar o custo-benefício das tecnologias e práticas sustentáveis, procurando sempre um equilíbrio entre a viabilidade económica e a sustentabilidade. Um aspeto importante da integração de práticas sustentáveis é a promoção de uma cultura de sustentabilidade entre todos os intervenientes no projeto, desde os engenheiros e construtores até aos utilizadores finais. A sensibilização e a formação do pessoal são essenciais para garantir que todos compreendem a importância da sustentabilidade e a forma como podem contribuir para ela nas suas tarefas diárias. Os gestores desempenham um papel fundamental na implementação de programas de formação e na criação de incentivos para promover práticas sustentáveis entre o pessoal do projeto. A sustentabilidade durante a fase de operação e manutenção das infra-estruturas é outro fator crítico. Não basta conceber e construir infra-estruturas sustentáveis; é também necessário garantir que estas são operadas e mantidas de forma eficiente para que continuem a cumprir os seus objectivos de sustentabilidade. Isto implica a implementação de sistemas de monitorização e controlo para avaliar o consumo de energia e água, bem como a identificação de áreas onde a eficiência pode ser melhorada. A gestão deve planear actividades de manutenção preventiva e preditiva para prolongar a vida útil das infra-estruturas e evitar reparações dispendiosas e perturbadoras. A adaptabilidade e a resiliência das infra-estruturas são também componentes essenciais da sustentabilidade moderna. À medida que o clima muda e as cidades crescem, as infra-estruturas devem ser capazes de se adaptar às novas condições e exigências. Isto inclui a conceção de estruturas que possam resistir a condições meteorológicas extremas, como inundações, ondas de calor ou terramotos, e que sejam flexíveis para permitir futuras modificações e expansões. A resiliência tornou-se um pilar da sustentabilidade, uma vez que garante que as infra-estruturas podem permanecer funcionais e seguras mesmo perante acontecimentos inesperados.

2.5 Parceria para a sustentabilidade

A colaboração entre a gestão e a engenharia é essencial para uma gestão eficiente dos recursos e para garantir a sustentabilidade dos projectos de infra-estruturas. Esta cooperação interdisciplinar não só facilita o planeamento eficaz e a utilização racional dos recursos, como também assegura a adoção e manutenção de práticas sustentáveis em todas as fases do projeto, desde a conceção até à operação e manutenção. A integração de conhecimentos e competências de ambas as disciplinas permite que os desafios dos projectos sejam abordados de forma holística, considerando simultaneamente os aspectos técnicos, financeiros, humanos e ambientais.

O planeamento conjunto entre a gestão e a engenharia é a base para o sucesso de qualquer projeto de infra-estruturas. Os engenheiros contribuem com conhecimentos técnicos para a conceção e construção, assegurando que as soluções adoptadas são tecnicamente viáveis e cumprem as normas de qualidade. Ao mesmo tempo, os gestores trazem uma perspetiva financeira e estratégica, assegurando que as decisões técnicas são economicamente viáveis e sustentáveis ao longo do tempo. A colaboração entre as duas áreas definir objectivos claros e exequíveis, bem como estabelecer prazos realistas e orçamentos bem fundamentados. Este planeamento abrangente não só facilita a utilização óptima dos recursos financeiros, humanos e materiais, como também ajuda a antecipar e a mitigar potenciais riscos que possam afetar o desenvolvimento do projeto. A gestão dos recursos financeiros é um dos domínios em que a colaboração entre a direção e a engenharia é mais evidente e necessária. A gestão é responsável pelo planeamento e atribuição de recursos financeiros, enquanto os engenheiros fornecem a informação necessária para avaliar os custos associados a cada aspeto técnico do projeto. Juntos, podem identificar áreas onde os resíduos podem ser reduzidos, otimizar a utilização de materiais e selecionar tecnologias que sejam rentáveis e sustentáveis. Esta colaboração também lhes permite avaliar a viabilidade de adotar tecnologias mais avançadas ou materiais sustentáveis que, embora possam ter um custo inicial mais elevado, trazem benefícios significativos em termos de eficiência e sustentabilidade a longo prazo. Em termos de gestão de recursos humanos, a colaboração entre a direção e a engenharia é igualmente crucial. Os gestores são responsáveis pelo recrutamento e afetação de pessoal, assegurando a disponibilidade de trabalhadores qualificados em número suficiente para cada fase do projeto. Os engenheiros definem os perfis técnicos necessários e dão formação técnica para garantir que cada membro da equipa está preparado para executar as suas tarefas de forma eficiente e segura. O planeamento conjunto dos recursos humanos permite que as responsabilidades sejam atribuídas de forma adequada, evitando a duplicação de esforços e garantindo que cada trabalhador está envolvido em actividades que se alinham com as suas competências e experiência. Isto não só melhora a eficiência operacional, como também contribui para a motivação e satisfação do pessoal.

A gestão dos recursos materiais também beneficia muito com a colaboração entre a direção e a engenharia. Os engenheiros são responsáveis pela especificação dos materiais necessários para o projeto, avaliando a sua durabilidade, qualidade e sustentabilidade. Os gestores, por outro lado, são responsáveis por assegurar a logística, a disponibilidade e o custo desses materiais. Trabalhando em conjunto, podem procurar alternativas que sejam técnica e economicamente viáveis, assegurando que são selecionados materiais de alta qualidade, duráveis e com um baixo impacto ambiental. A direção é também responsável pela coordenação do fornecimento de materiais, assegurando que estes estão disponíveis no momento certo, o que é essencial para evitar atrasos e derrapagens de custos durante a construção. A integração de práticas sustentáveis em todas as fases do projeto é um dos principais benefícios da colaboração entre a gestão e a engenharia. Os engenheiros são responsáveis por identificar e propor soluções técnicas para melhorar a sustentabilidade do projeto, como a utilização de materiais reciclados, a implementação de sistemas de eficiência energética e a minimização de resíduos durante a construção. Os gestores são responsáveis pela implementação de políticas e estratégias para garantir que estas práticas são mantidas e efetivamente aplicadas durante todas as fases do projeto. Isto inclui o cumprimento dos regulamentos ambientais, a obtenção de certificações de sustentabilidade e a coordenação com as várias partes interessadas envolvidas no projeto para garantir uma abordagem alinhada à sustentabilidade. A colaboração entre a gestão e a engenharia é também essencial para mitigar os riscos e garantir a resiliência do projeto. Durante a fase de planeamento, os engenheiros e os gestores trabalham em conjunto para identificar potenciais riscos, tais como questões técnicas, restrições financeiras, impactos ambientais ou riscos de segurança. Uma vez identificados, são desenvolvidas estratégias de atenuação para reduzir a probabilidade de estes riscos se materializarem e minimizar o seu impacto caso ocorram. A colaboração entre as duas disciplinas permite que os riscos sejam abordados de forma abrangente, considerando não só os aspectos técnicos do projeto, mas também as suas implicações económicas, sociais e ambientais. Outra vantagem da colaboração entre a gestão e a engenharia é a capacidade de maximizar a viabilidade do projeto. A sustentabilidade não se limita apenas à construção de infra-estruturas que minimizem o impacto ambiental durante a fase de construção; envolve também a conceção e gestão de infra-estruturas eficientes e sustentáveis ao longo do seu ciclo de vida. Os engenheiros, em colaboração com os gestores, devem planear para garantir que a infraestrutura seja fácil de operar e manter, tenha baixos custos operacionais e possa adaptar-se a mudanças futuras, como o crescimento da procura ou as alterações climáticas. Esta visão a longo prazo permite construir infra-estruturas resilientes que se manterão funcionais e úteis para as gerações futuras, maximizando o seu valor e reduzindo o seu impacto ambiental ao longo do tempo.

2.6 Conclusão

A gestão de recursos e a sustentabilidade são pilares fundamentais na construção de infra-estruturas eficientes e resilientes. Estes dois elementos, quando devidamente integrados em todas as fases de um projeto, criam estruturas que não só satisfazem as necessidades actuais, como também estão preparadas para enfrentar os desafios do futuro. A colaboração eficaz entre gestores e engenheiros no planeamento e execução de projectos assegura a otimização dos recursos financeiros, humanos e materiais, reduzindo simultaneamente o impacto ambiental, garantindo assim o sucesso e a sustentabilidade a longo prazo. Num contexto de recursos cada vez mais limitados e de exigências crescentes de sustentabilidade, é imperativo que a gestão e a engenharia trabalhem em conjunto e de forma alinhada. Esta colaboração é fundamental para o desenvolvimento de soluções inovadoras que maximizem a eficiência e a qualidade dos projectos, minimizem o desperdício e promovam a resiliência das infra-estruturas. A integração de novas tecnologias, práticas sustentáveis e estratégias de gestão eficazes permite a criação de infra-estruturas que não só se adaptam às novas necessidades, como também contribuem ativamente para a melhoria do ambiente e o bem-estar das comunidades. Em suma, a sinergia entre a gestão e a engenharia é essencial para alcançar um desenvolvimento sustentável em benefício das gerações actuais e futuras.

CAPÍTULO 3

EXECUÇÃO E ACOMPANHAMENTO DE PROJECTOS DE INFRA-ESTRUTURAS

2.7 Abordagens para a execução eficiente de projectos de infra-estruturas

A execução eficiente de projectos de infra-estruturas exige uma abordagem global que inclua aspectos técnicos, financeiros, logísticos e ambientais, bem como um planeamento pormenorizado e um acompanhamento constante da evolução dos projectos. Esta abordagem deve incluir a avaliação dos riscos, a otimização da afetação dos recursos e a flexibilidade para se adaptar a alterações imprevistas que possam surgir durante a execução. As técnicas de gestão de projectos, como a metodologia Lean Construction e a utilização da Modelação da Informação da Construção (BIM), podem melhorar a eficiência, reduzir o desperdício e otimizar os recursos. A Lean Construction procura maximizar o valor para o cliente, eliminando as actividades que não acrescentam valor, enquanto o BIM facilita a visualização global do projeto e a coordenação entre as várias partes interessadas. A coordenação entre as diferentes equipas envolvidas e uma comunicação clara e eficaz são essenciais para garantir que todas as partes trabalham para os mesmos objectivos, minimizando assim erros, conflitos e atrasos. Para conseguir uma execução eficiente, é essencial estabelecer um sistema de comunicação aberto que permita um feedback contínuo entre as equipas, fomentando um ambiente de colaboração. Além disso, a integração de ferramentas digitais, como plataformas colaborativas, software de gestão de projectos e sistemas de monitorização em tempo real, facilita a comunicação e garante que a informação está disponível para todas as partes interessadas em tempo útil, permitindo uma tomada de decisão mais ágil e informada (Kerzner, 2018). Outro aspeto fundamental de uma implementação eficiente é a gestão do calendário. O planeamento deve incluir marcos específicos que permitam avaliar o progresso e fazer ajustes quando necessário, garantindo o cumprimento dos prazos e a otimização dos recursos disponíveis. Um calendário bem estruturado deve ser suficientemente flexível para se adaptar a imprevistos, mas também suficientemente pormenorizado para garantir que cada atividade tem uma hora de início e de fim definida. A capacidade de identificar os caminhos críticos do projeto permite aos gestores e engenheiros concentrar esforços nas tarefas que, se não forem concluídas a tempo, podem atrasar o projeto global.

A gestão da qualidade é igualmente importante para a execução eficiente dos projectos de infra-estruturas. Os engenheiros e gestores devem trabalhar em conjunto para estabelecer normas de qualidade desde o início e garantir que todos os materiais e processos cumprem essas normas. A implementação de controlos de qualidade em cada fase do projeto permite que os problemas sejam identificados antes de se tornarem grandes obstáculos, garantindo assim a entrega de infra-estruturas que satisfaçam os requisitos técnicos e as expectativas das partes interessadas. Além disso, a qualidade da execução contribui para a sustentabilidade do projeto, uma vez que uma infraestrutura bem construída exige menos reparações e manutenção a longo prazo (Schwaber & Sutherland, 2017).

A afetação de recursos também desempenha um papel fundamental na execução eficiente. A afetação óptima de mão de obra, materiais, máquinas e equipamentos é necessária para garantir que cada fase do projeto dispõe dos recursos necessários no momento certo. O planeamento detalhado deve ter em conta as quantidades de material, os prazos de entrega e a disponibilidade de equipamento, para que não haja interrupções que possam atrasar a execução. A utilização de sistemas de planeamento de recursos, como o ERP (Enterprise Resource Planning), facilita a gestão destes aspectos, permitindo um melhor controlo e uma maior capacidade de resposta às necessidades variáveis do projeto. Uma abordagem abrangente à gestão de custos envolve não só o cumprimento do orçamento, mas também a procura contínua de formas de reduzir os custos sem comprometer a qualidade do projeto . A implementação de técnicas de gestão do valor acrescentado (EVM) ajuda os gestores a medir o desempenho do projeto em termos de custo e tempo, fornecendo uma visão clara sobre se o projeto está em conformidade com os objectivos financeiros. Desta forma, os engenheiros e gestores podem tomar decisões informadas e proactivas para corrigir quaisquer desvios e garantir a eficiência do projeto.

3.2 Estratégias de acompanhamento e avaliação em curso

O acompanhamento e a avaliação contínuos são essenciais para garantir que o projeto se mantém alinhado com os objectivos estabelecidos em termos de tempo, custo e qualidade. As estratégias de monitorização incluem a utilização de indicadores-chave de desempenho (KPI) para avaliar o progresso e a qualidade do projeto em cada fase. Ferramentas tecnológicas como o BIM, drones e sistemas de gestão de projetos também contribuem para uma monitorização mais precisa e eficiente, facilitando a tomada de decisões informadas e permitindo ajustes rápidos quando necessário (PMI, 2017). A utilização de indicadores-chave de desempenho (KPI) permite a avaliação de aspetos fundamentais do projeto, como o progresso físico, o cumprimento do calendário, o controlo da qualidade, a segurança no local de trabalho e o impacto ambiental. Estes indicadores fornecem uma visão quantitativa do desempenho do projeto, ajudando os gestores e engenheiros a identificar áreas problemáticas e a implementar medidas corretivas em tempo útil. Os KPI devem ser definidos durante a fase de planeamento e devem ser revistos e actualizados sempre que necessário para refletir alterações nos objectivos do projeto ou nas condições externas (Lock, 2020).

A utilização de drones revolucionou a forma como a monitorização é efectuada em projectos de infra-estruturas. Estes dispositivos permitem inspecções aéreas detalhadas, capturando imagens e vídeos de alta resolução que proporcionam uma visão abrangente do progresso da construção. Os drones são especialmente úteis em locais de difícil acesso, onde as inspecções manuais seriam complicadas e demoradas. As imagens obtidas podem ser utilizadas para comparar o estado atual do local de construção com planos e modelos digitais, identificando discrepâncias e ajudando a resolver problemas antes que se tornem obstáculos significativos (ISO, 2015b). A tecnologia de sensores IoT (Internet of Things) também desempenha um papel importante na monitorização contínua dos projectos de infra-estruturas. Os sensores instalados em diferentes partes do local de construção podem fornecer dados em tempo real sobre as condições ambientais, como a temperatura e a humidade, bem como sobre o desempenho do equipamento e a estabilidade das estruturas. Estes dados permitem aos engenheiros tomar decisões com base em informações precisas e actualizadas, melhorando a segurança, a eficiência e a qualidade do projeto. A integração destas tecnologias numa plataforma de gestão centralizada permite um controlo mais abrangente do projeto, facilitando a identificação precoce de riscos e a implementação de medidas preventivas.

3.3 Impacto ambiental durante a execução

Durante a execução de projectos de infra-estruturas, é crucial minimizar o impacto ambiental associado às actividades de construção. Isto implica uma gestão adequada dos resíduos, a redução das emissões, a proteção dos recursos naturais e boas práticas ambientais. A colaboração entre engenheiros, gestores e especialistas ambientais pode identificar potenciais riscos e mitigar impactos, promovendo uma construção responsável e amiga do ambiente. (Organização Internacional de Normalização [ISO]. (2015a).

A gestão de resíduos é um aspeto fundamental para reduzir o impacto ambiental durante a execução de um projeto. A separação e a reciclagem de materiais de construção, como o betão, o metal e a madeira, não só ajudam a minimizar a quantidade de resíduos enviados para aterros, como também contribuem para a economia circular, reintroduzindo os materiais na cadeia de produção. Além disso, é importante implementar práticas para minimizar a produção de resíduos desde o início, como a utilização de técnicas de construção mais precisas e o planeamento adequado das quantidades de materiais necessários (Becerik-Gerber et al., 2012).

A redução das emissões de gases com efeito de estufa e de outros poluentes é outra componente essencial da atenuação do impacto ambiental. Isto pode ser conseguido através da utilização de maquinaria eficiente em termos de combustível, da adoção de tecnologias eléctricas ou híbridas e da otimização das operações de construção para minimizar o tempo gasto com maquinaria pesada. Além disso, a implementação de planos de transporte eficientes que reduzam as deslocações desnecessárias e promovam a partilha de automóveis também contribui para a redução das emissões (Eastman et al., 2011).

A proteção dos recursos naturais durante a construção implica a minimização do impacto nos ecossistemas locais. Isto pode incluir a proteção de áreas sensíveis, como massas de água e habitats de espécies protegidas, bem como a reflorestação de áreas afectadas pela construção. A avaliação do impacto ambiental, realizada antes do início do projeto, é essencial para identificar os riscos potenciais e estabelecer medidas de atenuação adequadas. Durante a execução, a monitorização contínua é essencial para garantir que as medidas estabelecidas são cumpridas e que quaisquer impactos imprevistos são imediatamente resolvidos (Ahmed et al., 2019).

3.4 Saúde e segurança no trabalho

A saúde e segurança no trabalho é uma questão fundamental na implementação de projectos de infra-estruturas devido à natureza das actividades envolvidas, que muitas vezes apresentam riscos para os trabalhadores. É essencial implementar um sistema de gestão de saúde e segurança que inclua a identificação de riscos, a formação do pessoal, a utilização de equipamento de proteção individual (EPI) e a monitorização contínua do cumprimento dos regulamentos. A prevenção de acidentes e a promoção de um ambiente de trabalho seguro não só protegem a saúde dos trabalhadores, como também contribuem para a eficiência e qualidade dos projectos (EPA, 2016).
A identificação dos riscos é o primeiro passo para garantir a segurança no estaleiro de construção. Isto implica a realização de avaliações de risco detalhadas antes do início do projeto e a manutenção de uma avaliação contínua durante a execução. Os riscos podem incluir quedas, acidentes com máquinas, exposição a substâncias perigosas, entre outros. É essencial que os riscos sejam identificados de forma proactiva e que sejam implementadas medidas preventivas para os mitigar, tais como a instalação de guarda-corpos, a marcação de áreas perigosas e a implementação de procedimentos seguros de manuseamento de máquinas.

A formação do pessoal é crucial para garantir que os trabalhadores estão conscientes dos riscos a que estão expostos e conhecem as melhores práticas para evitar acidentes. Os programas de formação devem incluir simulacros de emergência, formação sobre a utilização correta de equipamentos e ferramentas e a promoção de uma cultura de segurança no local de trabalho. . A formação deve ser contínua e adaptada às necessidades específicas do projeto, assegurando que todos os trabalhadores, incluindo os novos empregados e os subcontratados, recebem formação adequada antes de iniciarem as suas tarefas. Os gestores devem garantir que todos os trabalhadores têm acesso ao EPI necessário, como capacetes, luvas, coletes reflectores, arneses de segurança e óculos de proteção, e que este equipamento é utilizado corretamente em todas as ocasiões. Além disso, é importante realizar inspecções regulares para verificar o estado dos EPI e substituir qualquer equipamento que esteja danificado ou desgastado, garantindo assim que os trabalhadores estão sempre protegidos (PNUA, 2017).A monitorização contínua do cumprimento dos regulamentos de segurança é fundamental para manter um ambiente de trabalho seguro. Isto inclui a realização de auditorias de segurança regulares, a monitorização constante das actividades do estaleiro de construção e a implementação de acções corretivas quando são identificados incumprimentos. A vigilância também envolve a promoção de uma cultura de segurança em que todos os trabalhadores se sintam responsáveis pela sua própria segurança e pela dos seus colegas, incentivando a comunicação aberta sobre potenciais riscos e a participação em iniciativas de melhoria da segurança.

A promoção de um ambiente de trabalho seguro e saudável também tem um impacto positivo na produtividade do projeto. Um ambiente seguro reduz a incidência de acidentes e lesões, o que, por sua vez, reduz as paragens de trabalho e os custos associados ao tratamento médico e à indemnização dos trabalhadores. Além disso, um ambiente de trabalho seguro e bem gerido melhora a moral dos trabalhadores, o que contribui para uma maior motivação e eficiência na execução das suas tarefas.

3.5 Gestão de riscos e contingências

A gestão dos riscos é uma componente essencial na execução de projectos de infra-estruturas, uma vez que estes projectos enfrentam frequentemente uma série de riscos técnicos, financeiros, ambientais e sociais. A identificação precoce dos riscos e a elaboração de planos de contingência antecipam potenciais problemas e minimizam o seu impacto no projeto. A colaboração entre gestores e engenheiros é crucial para avaliar os riscos de forma abrangente e desenvolver estratégias de mitigação eficazes, garantindo a continuidade e o sucesso do projeto.

A identificação dos riscos deve ser efectuada desde as primeiras fases do projeto e ser um processo contínuo ao longo da execução. Os riscos técnicos podem incluir falhas de conceção, problemas com a qualidade dos materiais ou dificuldades durante a construção. Os riscos financeiros, por outro lado, podem envolver derrapagens de custos devido a flutuações nos preços dos materiais ou atrasos que aumentem os custos. Os riscos ambientais incluem potenciais danos aos ecossistemas, enquanto os riscos sociais incluem questões como a oposição das comunidades locais ou conflitos laborais. Para identificar estes riscos, é essencial efetuar avaliações exaustivas e envolver todas as partes interessadas, desde os engenheiros às autoridades locais e à comunidade (OSHA, 2020).

Uma vez identificados os riscos, devem ser desenvolvidos planos de atenuação para reduzir a probabilidade de estes riscos se materializarem e para minimizar o seu impacto caso ocorram. Estes planos podem incluir acções como a utilização de materiais alternativos em caso de problemas de fornecimento, a implementação de processos de construção mais seguros para evitar acidentes ou o desenvolvimento de estratégias financeiras para garantir fundos adicionais em caso de derrapagem dos custos. A implementação destas medidas deve ser constantemente monitorizada, e os planos de mitigação devem ser revistos e actualizados sempre que necessário para se adaptarem às mudanças no projeto ou no ambiente. Estes planos definem as acções a tomar quando um risco se materializa, com o objetivo de minimizar o seu impacto e garantir que o projeto pode continuar. Por exemplo, um plano de contingência para um problema de fornecimento de materiais pode incluir acordos prévios com fornecedores alternativos, enquanto um plano para uma emergência ambiental pode incluir a mobilização de equipas especializadas para mitigar os danos. Os planos de emergência devem ser claros, pormenorizados e conhecidos por todos os membros, para que possam ser implementados rápida e eficazmente quando necessário. A avaliação do risco residual é um passo importante após a implementação das medidas de mitigação. Este processo envolve a análise dos riscos que permanecem após a implementação de medidas preventivas e a determinação de se esses riscos são aceitáveis ou se são necessárias medidas adicionais. A avaliação do risco residual permite que os gestores e engenheiros tenham uma visão clara do nível de exposição ao risco e tomem decisões informadas sobre como proceder. A documentação dos riscos e das estratégias de mitigação e de contingência é essencial para garantir a transparência e a eficiência da gestão de riscos. Todos os riscos identificados, juntamente com as medidas tomadas para os atenuar, devem ser registados e regularmente actualizados. Esta documentação serve de referência para a equipa do projeto e também para projectos futuros, uma vez que permite aprender com as experiências passadas e melhorar a capacidade de gestão dos riscos. Além disso, a cultura organizacional desempenha um papel crucial na gestão dos riscos. A promoção de uma cultura de comunicação aberta e proactiva sobre os riscos ajuda a identificar potenciais problemas antes de estes se tornarem grandes obstáculos. Os trabalhadores, engenheiros e gestores devem sentir-se habilitados a comunicar os riscos e a sugerir soluções, sem receio de retaliações. Esta cultura de segurança e prevenção promove um ambiente em que todos os membros da equipa estão empenhados em identificar e mitigar os riscos.

A tecnologia também desempenha um papel importante na gestão dos riscos. Ferramentas como a Modelação da Informação da Construção (BIM) e sistemas de gestão de riscos baseados em software permitem visualizar riscos potenciais e avaliar o impacto de diferentes cenários. O BIM, por exemplo, facilita a deteção de potenciais conflitos de conceção antes do início das actividades de construção, enquanto os sistemas de software permitem uma monitorização contínua dos riscos e a geração de relatórios para ajudar na tomada de decisões.

CONCLUSÃO

A implementação e o acompanhamento de projectos de infra-estruturas exigem uma gestão cuidadosa que integre a eficiência na execução, a utilização de tecnologias avançadas e a sustentabilidade. A gestão do risco e a avaliação contínua asseguram um desenvolvimento correto, enquanto a revisão final fornece informações valiosas para iniciativas futuras.

REFERÊNCIA

Ahmed, S., Farooqui, R., & Saqib, M. (2019). Drones e construção: A ascensão das máquinas. Revista Internacional de Educação e Investigação no domínio da Construção, 15(4), 325- 344.

Ballard, G., & Howell, G. (2003). Lean project management. Journal of Building and Environment, 6(2), 115-125.

Becerik-Gerber, B., Jazizadeh, F., Li, N., & Calis, G. (2012). Áreas de aplicação e requisitos de dados para a gestão de instalações com base no BIM. Journal of Construction Engineering and Management, 138(3), 431-442.

Bent, J. A., & Humphreys, K. K. (2009). Effective project management through the application of cost and schedule control. CRC Press.

Chan, A. P. (2014). Manual de gestão de projectos de construção. Routledge.

Cleland, D. I., & Ireland, L. R. (2013). Gestão de projectos: Conceção e implementação estratégicas. McGraw-Hill.

Eastman, C., Teicholz, P., Sacks, R., & Liston, K. (2011). BIM Handbook: A Guide to Building Information Modeling. Wiley.

Agência de Proteção do Ambiente [EPA] (2016). Reciclagem de resíduos de construção e demolição. https://www.epa.gov/recycle

Instituto de Gestão de Projectos (2021). Guia do Conjunto de Conhecimentos em Gestão de Projectos (Guia PMBOK). Instituto de Gestão de Projectos.

Organização Internacional de Normalização [ISO] (2015a). ISO 9001: Sistemas de gestão da qualidade. ISO.

Organização Internacional de Normalização [ISO] (2015b). ISO 14001:

Sistemas de gestão ambiental. ISO.

Kerzner, H. (2017). Gestão de projectos: Uma abordagem de sistemas para planeamento, programação e controlo. John Wiley & Sons.

Kerzner, H. (2018). Gestão de projetos: Uma abordagem de sistemas para planejamento, programação e controle. Wiley.

Koskela, L. (1992). Aplicação da nova filosofia de produção à construção. Universidade de Stanford.

Lingard, H., & Rowlinson, S. (2005). Occupational Health and Safety in Construction Project Management. Routledge.

Lock, D. (2020). Gestão de projectos. Gower.

Meredith, J. R., & Mantel, S. J. (2017). Gestão de projetos: Uma abordagem gerencial. Wiley.

Administração da Segurança e Saúde no Trabalho [OSHA] (2020). Normas do sector da construção. https://www.osha.gov

Instituto de Gestão de Projectos [PMI] (2017). Um Guia para o Conjunto de Conhecimentos em Gestão de Projectos (Guia PMBOK). PMI.

Rodríguez, A., González, L., & Ramírez, M. (2019). Desenvolvimento de infraestruturas sustentáveis: O papel da engenharia e da gestão de projectos. Journal of Infrastructure Systems, 25(1), 1-12.

Schwaber, K., & Sutherland, J. (2017). O Guia do Scrum.

Smith, P. G., & Reinertsen, D. G. (2014). Desenvolvimento de produtos em metade do tempo: Novas regras, novas ferramentas. John Wiley & Sons.

Walker, A., & Rowlinson, S. (2008). Sistemas de aquisição: A cross-sector project management perspective. Routledge.

MINI-CURRICULUM VITAE DOS AUTORES

Alejandro Enrique Nesci Montalvan: Estudante de Administração de Empresas, com foco em organização e gestão eficiente. Gosta de trabalhar em equipa e considera-se um grande pensador.

Ricardo José Baldiz6n L6pez: Estudante de Engenharia Civil com uma forte ética de trabalho e capacidade de trabalho em equipa. Com um interesse particular no desenvolvimento e sustentabilidade de projectos de infra-estruturas.

Carlos Alexander Mendoza Jacomino: Doutor em Ciências, investigador titular e académico da Universidade Americana (UAM).

Printed by Books on Demand GmbH, Norderstedt / Germany